SPACE STATION
ACADEMY

太空学院
神秘的矮行星

〔英〕**萨利·斯普林特** 著

〔英〕**马克·罗孚** 绘　**罗乔音** 译

中信出版集团｜北京

图书在版编目（CIP）数据

神秘的矮行星 / （英）萨利·斯普林特著；罗乔音
译；（英）马克·罗孚绘. — 北京：中信出版社，
2025.1. —（太空学院）. — ISBN 978-7-5217-7219
-7

Ⅰ．P185.7-49

中国国家版本馆 CIP 数据核字第 20243R27A0 号

Space Station Academy: Destination Dwarf Planets

First published in Great Britain in 2023 by Wayland

© Hodder and Stoughton Limited, 2023

Editor: Paul Rockett

Design and illustration: Mark Ruffle

Simplified Chinese translation copyright © 2025 by CITIC Press Corporation

ALL RIGHTS RESERVED

神秘的矮行星
（太空学院）

著　　者：［英］萨利·斯普林特
绘　　者：［英］马克·罗孚
译　　者：罗乔音
出版发行：中信出版集团股份有限公司
　　　　　（北京市朝阳区东三环北路 27 号嘉铭中心　邮编　100020）
承 印 者：北京瑞禾彩色印刷有限公司

开　　本：787mm×1092mm　1/16　　印　　张：24　　字　　数：960 千字
版　　次：2025 年 1 月第 1 版　　印　　次：2025 年 1 月第 1 次印刷
京权图字：01-2024-3958
书　　号：ISBN 978-7-5217-7219-7
定　　价：148.00 元（全 12 册）

图书策划　巨眼
策划编辑　陈瑜
责任编辑　王琳
营　　销　中信童书营销中心
装帧设计　李然

目录

本书人物

波特博士

莫莫

莎拉

麦克

星

乐迪

目的地：矮行星

欢迎大家来到神奇的星际学校——太空学院！在这里，我们将带大家一起遨游太空。快登上空间站飞船，和我一起学习太阳系的知识吧！

今天，同学们要去探索矮行星。不同寻常的是，这次他们还带了家人。

大家早上好！今天是"带兄弟姐妹一起上学"日！如果你想让兄弟姐妹看看我们平时都在做什么、学什么，这可是很好的机会哟！

我是班主任波特博士。很高兴今天能和大家一起前往矮行星！大家来做个自我介绍吧。

波特博士，什么是矮行星？

琪琪，首先我应该给你讲讲什么是行星。行星必须符合以下三个条件……

1. 围绕太阳运转。

2. 质量要足够大，这样才有足够的引力，使它保持球形。

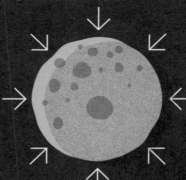

3. 行星的引力必须足够强大，可以清除公转轨道附近其他的大天体。

波特博士，太阳系有多少矮行星呢？它们都在哪里？

冥王星

阅神星

琪琪，你问题也太多啦。

在我们的太阳系中，有5颗矮行星。

其中冥王星最大，平均直径为 2 372 千米。

其次是阅神星，平均直径为 2 326 千米。

妊神星看起来像压扁的椭圆形。它的直径从 1 632 到 1 960 千米不等。

鸟神星平均直径约为 1 434 千米。谷神星是太阳系最小的矮行星，平均直径 945 千米。

科学家在太阳系的两个地方发现了矮行星，一个是火星和木星之间的小行星带，这里发现了谷神星；另一个是柯伊伯带，其他矮行星都在这里。柯伊伯带的形状像甜甜圈，充满冰质小天体，位于太阳系边缘，离太阳系最外侧的行星海王星有很大一段距离。

妊神星
鸟神星
谷神星
我们什么时候去看矮行星？
不要这么没礼貌，诺拉。
她不是诺拉，我才是！
博去哪儿了？他又躲起来了。
我在放航天服的柜子里找到他啦！大家也该出发了！

我们要到了吗？

我们先去离太阳最远的阅神星。看，它在那儿！在柯伊伯带的冰质天体与岩石之间运行着。

矮行星是怎么形成的呢？

我正准备问这个呢！

矮行星主要由岩石和冰聚集而成。离太阳越远，它们的温度就越低，上面的冰也越多。

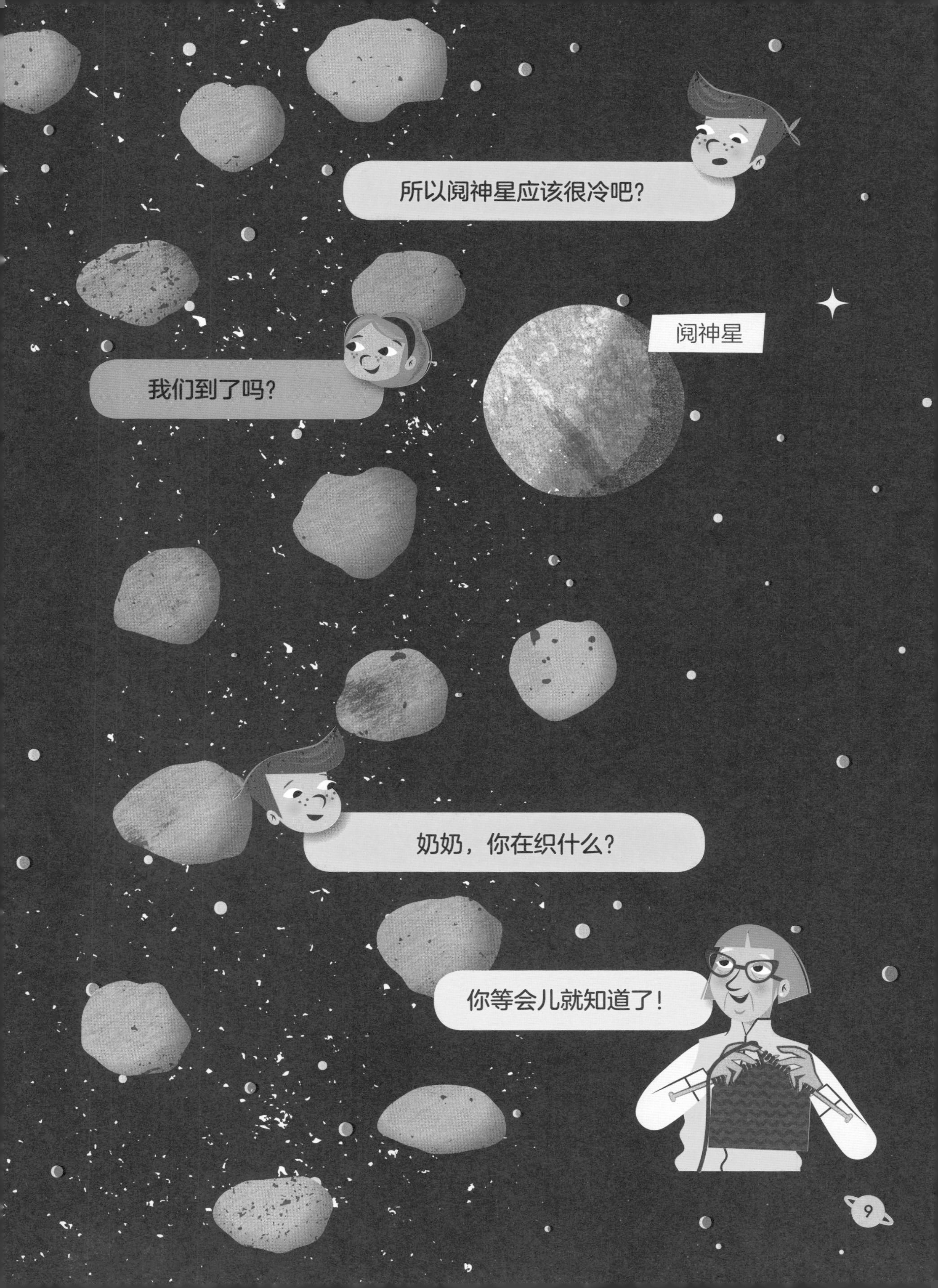

所以阋神星应该很冷吧？
阋神星
我们到了吗？
奶奶，你在织什么？
你等会儿就知道了！

阅神星表面。

现在我们到了离太阳最远的矮行星阅神星上！

我的书上说，它在离太阳 101.25 亿千米之外。

你说得对，琪琪。而且，阳光……

要花 9 个小时才能到达这里！

琪琪，别打断老师！

阅神星上的一年就是它绕太阳公转一周的时间，相当于地球上的 560 年。它的一天大约有 26 小时。阅神星比月亮还要小一点。

月亮是地球的卫星，说起来阅神星也有一颗卫星，叫作阅卫一

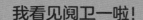

我看见阅卫一啦！

真棒，多拉。

我是多拉！她是诺拉！

博去哪儿了？我可不能把他弄丢了。

当阅神星冷到一定程度，它也会下雪！

这儿太冷了，我刚刚给大家织了帽子！快戴上吧！

哈哈！这样我们就不会找不到博了，也不会把多拉和诺拉弄混了！

戴上帽子真暖和！现在我们去鸟神星吧。

11

鸟神星的表面似乎全是冰，但它不是白色的，而是红色的。

我的书上说，它表面的"冰"是冷冻的气体，所以是红色的。鸟神星的表面布满了直径 1 厘米的甲烷结晶。

我想，我的两个妹妹已经找到甲烷结晶了！你们俩别乱跑！

每个人都在尽情探索，真不错！鸟神星比阋神星离太阳近，不过太阳光也要 6 个小时才能到达鸟神星呢！

鸟神星自转一周需要 22.5 小时。
这就是它一天的长度！
不过，它绕太阳转一圈需要 305 年。
这是它一年的长度！
你们俩真是精力充沛啊！我敢说，你们一定擅长玩脑力游戏。
来，两个小朋友，把这一大团毛线整理好吧。
我是解决难题的天才！
我比她更天才！
看来只有双胞胎才能解决这个大难题！干得漂亮，奶奶！现在我们该去参观妊神星了。

下一站，妊神星。

妊神星是颗非常有趣的星球！它自转的速度很快，所以一天只有 4 小时。也因为转得太快，它的形状不是球形，和大多数行星都不一样。

波特博士，为什么妊神星转得这么快？

我的书里说，可能是因为妊神星曾和另一颗行星相撞，所以才转得这么快。相撞后，一些碎片脱落，成了它的卫星，分别叫妊卫一、妊卫二。

妊神星的周围不仅有卫星，还有星环！星环的旋转速度比妊神星慢。你们有谁看到卫星或者星环了吗？

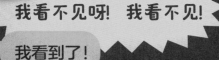

我看不见呀！我看不见！

我看到了！

我也是！

妊卫一

妊神星

妊卫二

我有办法，琪琪，你的书还可以这么用。

哇，我看到两颗卫星和星环了！

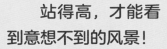

站得高，才能看到意想不到的风景！

奶奶今天真的帮大忙啦！现在，我们去冥王星吧。

下一站，冥王星。

多年来，冥王星被认为是太阳系的第九大行星。后来，随着其他矮行星的发现，科学家发现它们和冥王星一样都没有足够的引力清除公转轨道上的其他天体。因此，科学家为它们创立了新的分类——矮行星。冥王星是最大的矮行星。

波特博士，冥王星上的一天有多长？

有 153 个小时——相当于地球上的 6 天多。

冥王星绕太阳公转一周需要多长时间？

冥王星

海王星

大约需要 248 年。冥王星的公转轨道不同寻常，它是椭圆形的，呈一定的角度倾斜。

椭圆是什么？

就是被压扁的圆形。

冥王星与太阳的距离最远可达 73.95 亿千米，最近时有 45 亿千米。它有时比海王星离太阳更近。
冥王星的表面有山脉、山谷和陨石坑。
哦，不！博肯定躲在某个陨石坑里了，但是我不知道是哪个。大家快帮我找找吧！
星，别着急，我有办法。
博，快出来吧！我给托托找了个好朋友！

我们的客人都很喜欢冥王星呢。

他们玩得多开心啊！

波特博士，那是卫星吗？

是啊，奶奶！冥王星有 5 颗卫星，1 颗大的，4 颗小的。

我们今天的客人也是一大四小！

其中冥卫一最大，直径 1 212 千米，几乎赶上冥王星的一半了！另外 4 颗是冥卫二、冥卫三、冥卫四、冥卫五，它们不像冥卫一那样圆圆的，而是不规则的形状。

冥卫一

冥卫二

冥卫五

冥卫三

冥卫四

冥王星是当时全世界唯一一颗由小朋友命名的行星。来自英国牛津的 11 岁女孩威妮夏·伯尼根据罗马神话想出了冥王星的名字，并把它发给了发现冥王星的天文台，最终被采纳。

博，你打算给新玩具起什么名字？

我打算叫它布鲁托！和冥王星的英文名一样。谢谢奶奶！

现在，该去我们矮行星之旅的最后一站了：谷神星！

最后一站，谷神星！

谷神星是唯一一颗位于小行星带的矮行星。

乐迪，琪琪的书里有没有讲关于谷神星的知识？

谷神星自转一圈要 9 小时，绕太阳公转一周要 1 682 天。

谷神星没有卫星，也没有星环，但它有很多水。

它的表面看起来不像是有水的样子……反而尘土飞扬。

在它尘土飞扬的表面下埋藏着冰，冰面下可能有海洋。科学家认为，谷神星上的水可能比地球上的还要多！

大家看到那边的山峰和陨石坑了吗？这座山叫阿胡纳山，高达 4 千米，是在谷神星被陨石撞击时形成的。撞击让谷神星地下的冰岩浆喷发了出来，冻结成一座冰山。旁边的凯尔万陨石坑就是当时陨石撞击的位置！

哇，波特博士，想想还真是神奇啊！

奶奶，你打算给阿胡纳山织一顶帽子吗？

小朋友们交上朋友了！世界终于安静祥和了！

哎呀！托托呢？

好像不在谷神星。

太空飞机立刻起飞，去找托托！

大家回忆一下，我们的第一站是哪里？

阋神星！

它不在阋神星上。

再去鸟神星看看。

天王星

海王星

托托也不在鸟神星。

然后该去妊神星了。

太可惜了，博，妊神星上也没有找到。

回冥王星吧，这是最后的机会了。

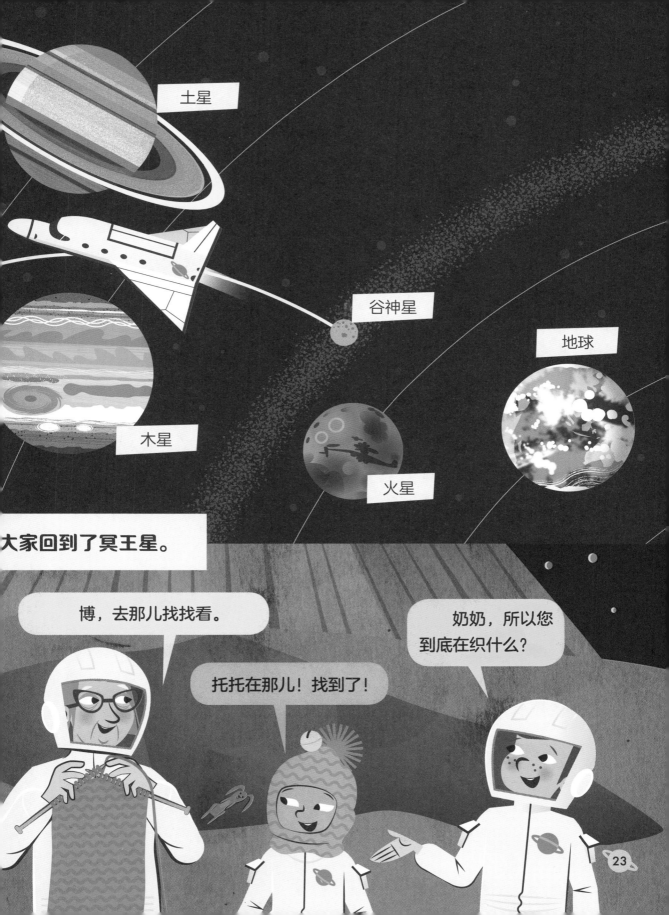

波特博士，趁着旅途还没结束，把这个送给你，谢谢你带我们参观矮行星。莫莫，这里还有给你的小礼物。

谢谢哥哥姐姐带我们来！

再见！哟，这里好热啊！

再见！

太空学院的课外活动

太空学院的同学们参观了矮行星之后，产生了很多新奇的想法，想要探索更多事物。你愿意加入他们吗？

波特博士的实验

遥远的矮行星上覆盖着冰层，十分寒冷。我们也来做几个关于冰的小实验吧！

材料和用具

塑料瓶装的纯净水

冰箱

在冰箱里冷冻过的玻璃杯

在冰箱里冰冻过的碗

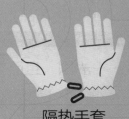

隔热手套

一些冰块

方法

把水放在冰箱里冷冻一个小时，这时水会变冷，但没有结冰。戴上手套，小心地拿起瓶子，试一试：

1. 把冰水倒入冰冻过的玻璃杯，再拿一块冰触碰水面。出现了什么现象？

2. 在冰冻过的碗里放一些冰块，把冰水慢慢倒在上面。出现了什么现象？

3. 小心地把纯净水拿出冷冻室，用手指戳一戳瓶子。出现了什么现象？

* 做完这些实验，你发现了什么？冰接触到水，或者用手戳冷冻过的瓶子，应该会在水中形成冰晶。形成晶体的这一系列反应称为"成核"。如果没有看到冰晶，你可以试试把纯净水放在冰箱里冻久一点儿。

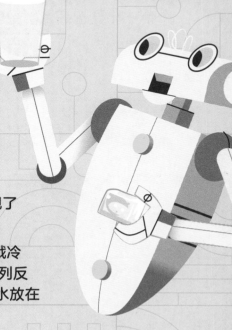

乐迪了解的矮行星小知识

谷神星几乎是完全垂直着自转的，它的自转轴的倾斜角只有 4 度。

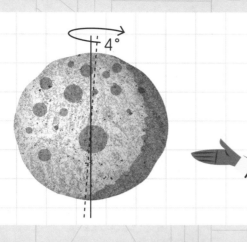

麦克了解的矮行星小知识

部分科学家认为，太阳系中可能还有数百颗矮行星等着我们去发现。

星和博的
数学题

这本书介绍了 5 颗矮行星，今天，来太空学院学习的亲友也是 5 位。上我们来玩一个关于 5 的数学小游戏吧！

随便说一个数。

6

把这个数的下一个数和它相加。

6 + 7 = 13

再加 9。

22

除以 2。

11

再减去你一开始选择的数。

11 − 6 = 5

任意挑选一个数，按照上面的步骤加减乘除，得到的结果永远是 5！

莎拉的矮行星图片展览

参观矮行星实在太有意思啦！

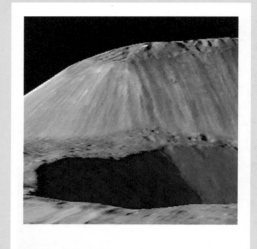

这是谷神星，它的表面有许多陨石坑。

这是谷神星上最高的山——阿胡纳山。你能看到山边的凯尔万陨石坑吗？

莫莫的调研项目

你知道哪位科学家最早发现了矮行星吗？什么时候发现的？

如果让你寻找其他矮行星，你会去哪儿找呢？去小行星带？柯伊伯带？还是其他地方？

这是冥王星以及它最大的卫星冥卫一。

这是阋神星和它的卫星阋卫一。
旁边发亮的天体就是太阳！

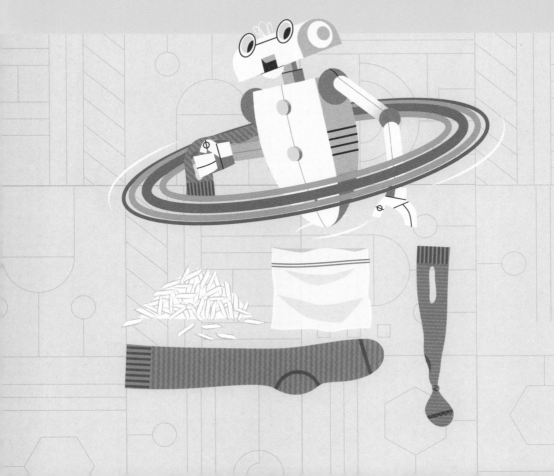

词语表

轨道：本书中指天体运行的轨道，即绕恒星或行星旋转的轨迹。

太阳系：由太阳以及一系列绕太阳转的天体构成。

天文台：科学家研究宇宙的场所，配有研究所用的设备。

卫星：围绕行星运转的天然天体。

小行星带：在火星与木星的轨道之间的小行星集中区域，形状如环带。

引力：将一个物体拉向另一个物体的力。

陨石：落在行星、卫星等表面的、来自太空的固体物质。

陨石坑：天体（比如月球）表面由小天体撞击而产生的巨大的、碗状的坑。

直径：通过圆心或球心且两端都在圆周或球面上的线段。